目次

2 特集
土鍋料理
土鍋的魅力
令人深深著迷

4 山本忠正
用土鍋製作的日常菜色
孩子們也好喜歡

12 松永智美
製作的台灣素食版佛跳牆

15 飛田和緒
全家人圍爐的熱鍋料理

22 坂田阿希子
西式土鍋料理

30 久保百合子的
雞肉丸子鍋

31 高橋良枝的
鯖魚雪見鍋

32 明峯牧夫的
四季土鍋飯

38 桃居・廣瀨一郎 此刻的關注 28
探訪 高田竹彌的工作室

44 料理家細川亞衣的私房食譜 23
熊本的日日料理

46 公文美和的攝影日記 22 美味日日

48 用台灣食材做美味料理 6
小野竜哉的和風蕈菇鍋巴、關東煮

50 34號的生活隨筆 20
在自己住的城市裡小旅行

＋ 用插畫描繪日日的生活 11 田所真理子

＋ 我的玩偶剪貼簿 18 久保百合子
出生於札幌的白熊碧莉卡拉麵

封面攝影—廣瀨貴子

關於封面

完美地改變了
我們原先對於「土鍋並不是有多大差異的東西吧」
這種先入為主的觀念。
我們想都想不到
土鍋竟然有如此豐富多樣的樣貌。
請仔細品嘗土鍋的趣味吧！

土鍋的魅力 令人深深著迷

文—高橋良枝　翻譯—葉韋利

今年我個人迷上了「土鍋」。
十幾年前也曾經掀起一陣土鍋熱，
這次可以算是第二度的土鍋旋風。
我之前的土鍋是「炊飯釜鍋」。
在迷上飛田和緒使用的炊飯釜鍋之後，幾個朋友陸續購買。
用土鍋煮的飯實在好吃得令人陶醉。
而這次的熱潮起源自去年深秋，
在川越「器物筆記」所舉辦的山本忠正個展。
我聽說現場有個餐會，
是由坂田阿希子用山本忠正的土鍋來做菜，
於是就前往川越。
栗子里芋焗烤、燉烤豬肉，還有炊菜飯，
全都是用土鍋製作，
而且非常好吃，讓寒冷晚秋夜裡的身子變得暖呼呼。
我當場訂購了土鍋，
收到時是12月28日，就快過年了。
我趕緊煮了一鍋粥，靜置一晚後，再煮鍋白腎豆。
看到煮得白白胖胖的豆子，內心好激動，「伊賀的土鍋果然不同凡響！」
隔天再用人家送的海膽煮了「海膽飯」。
豪華的食材在土鍋加持下更升級，成了一頓豐盛的晚餐。
接著來到除夕，我又煮了紅豆。
打算為過年回家團圓的兒子一家人做湯圓紅豆湯。
開了火，觀察一陣子，
聽到「咻！咻！」的怪聲，
爐火突然就熄了。

我看看土鍋底部，怎麼有一道大裂縫！
無論怎麼改善還是會漏水，把爐火弄熄。
該怎麼樣才能不再漏水呢？
之後，我進入每天與土鍋奮戰的日子，展開一次次試誤學習。
最後我嘗試先用熱水將麵粉化開，
接著倒進鍋子裡，開火加熱一下，
然後靜置兩天。好不容易這才讓鍋底不再漏水。
在這次的經驗中，
我才知道原來伊賀的土鍋沒有添加透鋰長石（petalite）這種礦物，
所以容易出現裂縫。
另外，我也學到所謂「養鍋」，
就是即使鍋子出現裂縫也不放棄繼續使用。
還有，伊賀的土鍋必須用小火，
慢慢加熱。
雖然是稍微需要費心伺候的大小姐（？）
收到的回報就是「鬆軟美味」。
我用過很多土鍋，
也用過伊賀土樂窯的土鍋，
印象中土樂窯的土鍋也會出現裂縫，
但這是我第一次遇到這麼棘手的土鍋。
這大概就是男人受到魔女性格吸引的心情，
總之，我迷上了土鍋。
季節來到秋天，接下來是享用熱鍋料理的時節。
這次，將介紹各式各樣的土鍋料理，
給同樣喜愛使用土鍋的各位。

山本忠正

用土鍋製作的日常菜色
孩子們也好喜歡

我之所以迷上土鍋，
就是因為有了山本忠正製作的鍋子。
於是我前往伊賀，
來看看原創大師都做些什麼樣的土鍋料理。

文—高橋良枝
攝影—公文美和
翻譯—葉韋利

在鍋底宛如世界地圖分布的多道裂縫，
證明了長期養鍋的歷史。

山本忠正是伊賀窯廠「山本陶房」（Yamahon）的第四代傳人。聽到「Yamahon」，大家應該能聯想到「Gallery Yamahon」的山本忠臣，他是山本忠正的弟弟。

山本忠正身為四兄弟中的長男，就讀金澤的美術大學，專攻雕刻。在他猶豫著要不要繼承家傳的陶藝時，父親驟逝。於是身為長男的他，決定踏上繼承家業這條路。

三重縣伊賀市丸柱，自古以來就是窯業興盛的地區，可追溯到奈良時代。據說從江戶時代中葉開始製作生活餐具，到了明治後期有行平鍋（譯註：起初指的是有柄、有嘴、有蓋的深土鍋，因為發音的關係，也有寫成「雪平鍋」。近來在材質上多半使用不鏽鋼），進入昭和時期開始製作土鍋。戰後這裡成為伊賀土鍋的產地，發展成當地的一大產業。

在寧靜的丸柱山間，有包括土樂窯在內的好幾間窯廠，但這片風景看在觀光客的眼中，只是閒適幽靜的山林。山區裡夾雜著田地，攀附在樹木上的藤花，為雜木林罩上一層淡紫色的薄紗。

「這一帶在古時候好像是琵琶湖的湖底。湖底的沉積物，也就是伊賀的土壤中含有大量有機質，雖然粗糙，卻有很強的耐火性。」

一般工業產品的土鍋會在陶土中加入礦物粉末，比較不容易裂開，但伊賀土鍋只用伊賀土壤，不耐溫差，用大火加熱就會導致龜裂。

「就算有裂縫，只要繼續用就能養鍋，慢慢地就不會再漏水。」

山本忠正說得輕描淡寫，但就我與裂縫苦戰的經驗來看，這真是個難搞的鍋子。

謹守不能用大火加熱的原則，萬一出現較大的裂縫，就以熱水化開的麵粉來填補。這大概就是與伊賀土鍋好好相處的訣竅吧！

具備遠紅外線效果的伊賀土鍋，即使關了火之後，熱也會慢慢滲透到鍋中，才能將米飯或豆子煮得鬆軟可口。

山本忠正的太太梢夫人，為我們做的山本家土鍋料理，沒有使用湯汁或高湯等水分，算起來偏向西式的料理。

打破「土鍋就要做日式熱鍋料理」的概念，只要想成廣義的耐熱鍋，土鍋料理的範圍也變得無限寬廣。

山本家平常使用的各種土鍋。都是山本忠正的作品。

放在房間外的雕塑。從
作品看得出山本忠正原
先是雕刻科出身。

窗外是一片綠意盎然的
山林風景，清新宜人。

一家四口的餐桌以土鍋料理為主。結婚前幾乎
沒做過菜的梢夫人，現在燒得一手好菜。照片
右是長女小蕗，照片左是次女小菊。

用炊飯土鍋煮好的白飯。
米粒一顆顆直挺挺，還閃
爍光澤。

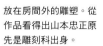

山本忠正在老家（左側）旁邊加蓋（右側）後，一家人住在這裡。

兩個女兒胃口都很好。四歲的小蕗挾起大塊肉也神色自若，大口嚼了起來。

陶房後方遼闊的山林風景。藤花染得一片淡紫。

陶房位於距離住家稍遠的河邊。這裡也有一片遼闊的寧靜山林風景，不過陶房占地很廣，有好幾位師傅以及負責送貨等業務人員在這裡工作。

一整排相同形狀的小小土鍋，正等著進到窯內。

「這些是餐廳訂做的。」

這時，我才深刻感到山本忠正也有身為經營者的另一面。

跟此地風景同樣沉靜穩重的山本忠正，話不太多，只有我開玩笑說：「你的側臉跟鈴木一朗選手很像耶。」他才露出淺淺的微笑，「經常有人這麼說。」

一旦他坐到轆轤前方，伸手拿起一塊陶土時，表情就變得嚴肅。

除了依照顧客指定，製作各種大小、形狀的土鍋，身為創作家的他也有一些彰顯個性的器物作品。山本陶房負責人山本忠正，似乎朝多個面向發展。

親眼看到土鍋是在這個環境下製成後，我預料自己的土鍋瘋可能還會持續加溫。

放置乾燥的土瓶、器物，及土鍋。一樓有兩座大型瓦斯窯。

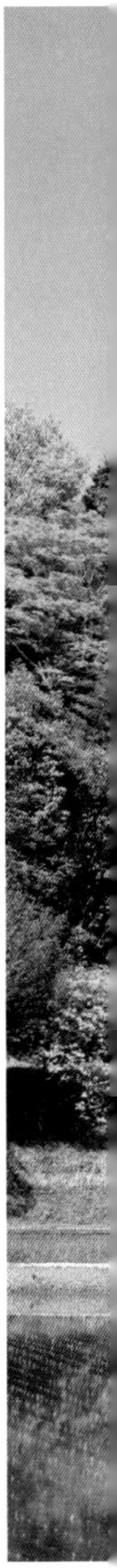

在轆轤上剛完成的土鍋。跟我購買的鍋子是相同形狀且同一尺寸。

作業中的山本忠正。纖細靈活的指尖塑造出大膽的造形。

小蕗最喜歡爸爸，守在轆轤旁邊不肯離開。她會是山本陶房第五代接班人嗎？

雞肉壽喜燒

山本太太為我們做了山本家餐桌上常見的土鍋料理。其中一道是雞肉壽喜燒。

■作法

土鍋用中火加熱，鍋子熱了之後將火力稍微調大，加入雞肉（這天用的是雞脖子肉。沒有的話用雞腿肉也很好吃）鋪好，留意肉不要疊在一起，煎到變色後撒點鹽。

雞肉煎到金黃後，撒點酒，再讓酒精揮發。

把雞肉堆到一邊，加入蔬菜（季節葉菜類。在我們家最受歡迎的是萵苣）、菇類、蒟蒻等食材後，蓋上土鍋鍋蓋。

用中小火加熱，讓蔬菜煮熟。待蔬菜類煮軟後即完成。

用鹽和酒稍微調味過，直接吃當然就很好吃。另外也可依照喜好沾椪醋或芝麻醬，享受其他不同的美味。

燉烤豬肉

■作法

事先處理食材。在整塊豬肩里肌肉上抹鹽，撒點胡椒，再鋪上迷迭香。

蔬菜削皮，切成比一口略大一點的塊狀。烤箱以250℃預熱。

土鍋用較弱的中火加熱，並倒入橄欖油。充分熱鍋後，將豬肉帶油脂的一面放進鍋子裡煎到變色。等到整塊肉每一面都煎到上色後，移到土鍋的正中間，四周放進蔬菜。在蔬菜上撒少許鹽，再淋一點酒後，蓋上鍋蓋用烤箱烤20分鐘。等到可以用竹籤刺穿豬肉中央，並滲出透明湯汁時即完成。朝著與纖維成直角的方向切成薄片後端上桌，搭配芥末籽醬一起吃。

松永智美

製作的台灣素食版佛跳牆

目前在台灣流行的素食。
起初是宗教信仰而出現的料理，
卻因為健康又美味，
愈來愈受到歡迎。

文—高橋良枝
攝影—公文美和
翻譯—葉韋利

飾品設計師松永智美，是個品味卓越的時尚名流。

我接到人在京都的松永智美打來的電話。《日日》中文版No.3曾介紹過「La Voiture」，松永智美就是老闆娘松永百合老奶奶的女兒，同時也是目前打理這家店的麻耶（譯註：百合老奶奶已在2014年2月過世）的母親。

「最近經常有來自台灣的顧客，一手拿著《日日》跑來耶。」

她很開心告訴我，那些人好像看了台灣版的《日日》而來。

百合老奶奶戰前在台灣長大，畢業於中台灣的女校（譯註：彰化女中）。松永智美從小吃著百合老奶奶做的台灣料理長大，聽說她還學了台灣近年來掀起熱潮的「素食」。

素食最初是因為宗教的關係，日本也有所謂的「精進料理」，不使用豬、牛、雞等肉類及海鮮，另外也不用蔥、蒜、韭菜、蕗蕎等辛香料。這幾年來因為吹起健康風，特別受到歡迎，提供素食的餐廳也愈來愈多了。

日本的精進料理也有用大豆蛋白製作的各種素料，但一般印象仍認為是專給佛教徒的餐點。不過，素食在台灣持續往獨特的方向進展，已經非常普遍，到處可見。

去年我到台北旅行時，也看到不少寫著「素食」的餐廳，或是自助餐類型的小吃店。

我看到一家可以自己裝自己想吃的菜，生意好得不得了，好奇之下就問帶路的潘小姐，她說「這是現在流行的蔬食餐廳」。招牌上有特別寫「素食」嗎？

「要不要來京都吃我做的素食？」

松永智美提出了這個誘人的邀約。聽到還會有用土鍋做的「佛跳牆」，我心想，剛好可以當作土鍋料理的題材，於是邀了攝影師公文美和跟造型師久保百合子，一同前往京都。

佛跳牆，原本是大量使用鮑魚、魚翅來做，因此也等於是高級湯品的代名詞。這道據說好吃到連佛祖都難以抵擋的湯，做成素食會是什麼滋味呢？

「只用昆布跟乾燥菇類取高湯，完全不使用動物性的食材。但湯底的味道不錯吧？」

口味溫潤深沉的湯頭，讓我們三個人陶醉在其中。話說回來，各式各樣的菇類還真豐富。從這個角度來看，或許也算是另一種奢華的湯品。

盛進碗裡的佛跳牆。裡頭有各式各樣的菇類，還有金針、枸杞等材料。

從上方以順時針方向依序為：
西藏木耳、猴頭菇、金針、乾
香菇、枸杞、竹笙、靈芝菇。

「就只是讓菇類乾燥時濃縮的香甜慢慢釋放到湯裡而已。」

乾燥菇類用水泡發之後，更換過好幾次水，並且把菇的水分擰乾。據說藉由擰乾水分的步驟可以去掉菇類裡的苦味跟雜味。

一些比較罕見的菇類，是她到台灣時買回來的。

將土鍋放進蒸籠裡，以這種間接清蒸的方式，就能讓菇類的美味跟鮮甜慢慢溶入湯汁中。

在工作室窗邊種植的「香椿」。
將嫩芽加入湯裡當作佐料，有
提味的功能。

把土鍋放進蒸籠裡蒸，讓菇類的鮮甜慢慢溶進湯裡。

飛田和緒

全家人圍爐的熱鍋料理

講起飛田和緒，
就會想到用土釜煮飯來做鹽味飯糰。
簡單的飯糰自然少不了，
另外還有滿滿山珍海味的熱鍋料理。

文—高橋良枝
攝影—廣瀨貴子
翻譯—葉韋利

「我在家裡經常做熱鍋料理給家人吃。有時候加生魚片，或者加進炸魚，只要用各個季節不同的魚，就能不斷有新的變化。」

自從搬到海邊居住後，飛田和緒家的餐桌上就常出現豐富的海鮮。金目鯛涮涮鍋，這種熱鍋料理是唯有住在海邊的人才品嘗得到的奢華美味。

「沾醬稍微變化一下，就算使用同樣的食材，也會變得是截然不同的口味。土鍋料理真的很有意思哦。」

飛田和緒有好幾個煮飯用的土釜，洗好就放到陽台上晾乾的煮飯用土釜，一字排開，這副景象很有飛田家的風格。

土鍋洗了之後要是沒有充分乾燥就再用，會發黴的。伊賀山本忠正產品中附的說明書也提到這一點。用陶土製成的土鍋，據說在陽光下晾乾最好。

非常喜歡白飯的飛田和緒，經常做的菜色就是鹽味飯糰。只是將用土釜煮好的飯，簡單捏一下而已，但這種能夠品嘗到白飯純粹美味的簡單飯糰，有時候就是令人說不出地想念。

這次我們在請飛田和緒介紹土鍋料理時，也特別要求「務必另外附上鹽味飯糰！」這款飯糰似乎已經成了飛田和緒的招牌。

除了煮飯用的土釜外，飛田和緒好像還有好幾只有趣的土鍋。

「這只蒸煮專用的土鍋，是我請松本的陶片木工坊試作的產品。另外，我也有壽喜燒專用的土鍋。」

因此，我們請她使用固定用途的土鍋，製作符合用途的料理。蒸煮用的土鍋在鍋子裡有一片類似隔板的陶片，上面還開了洞。

壽喜燒的鍋子是「雲井窯的產品」，但外表跟一般的土鍋沒兩樣。煮飯用的土釜也全都是雲井窯出品。

至於做金目鯛涮涮鍋的土鍋，「是哪裡做的？我忘了師傅的名字。」

這一聽就像是飛田和緒會有的回答。

其他還有好幾只土鍋，但這次使用的是飛田和緒眾多土鍋中的新面孔。

從上方以順時針方向依序為：可煮五杯米的煮飯用土釜、創作者不明的土鍋、壽喜燒專用土鍋、可煮三杯米的煮飯用土釜、蒸煮專用土鍋。

鹽味飯糰

白飯煮得米粒一顆顆挺立，看起來好好吃。然後拿一只小碗盛上，倒在大盤子裡排好。心裡納悶這是在做什麼，仔細一看，原來如此，這麼一來就能做出大小都差不多的飯糰。

飛田和緒的鹽味飯糰，我到底吃過多少次了呢？雖然常用「媽媽的味道」來形容，但對我來說，鹽味飯糰已經成了「飛田和緒的味道」。

隨手拿了三谷龍二製作的盤子盛放，還搭配醃菜端上桌。簡單樸實的鹽味飯糰，讓人慶幸生為日本人。

壽喜燒

壽喜燒，在關西地區跟東京的調味差別很大，不過飛田和緒跟我都是關東長大的，她的調味讓我感覺很熟悉。

「將等量的味醂跟醬油，煮滾之後混合，放一個晚上之後再用高湯稀釋，就成了醬汁。」

連醬汁都費工製作，才會有這麼溫潤的口味。我自己總在做菜之前才匆匆忙忙把味醂、酒跟醬油煮開，調味中少了這份圓潤，這下子我知道訣竅在哪了。

壽喜燒的經典食材是壽喜燒用的牛肉、大蔥、春菊（山茼蒿）、香菇、豆腐、水跟泡發的車麩，但照片裡沒看到香菇，真是抱歉！吃了之後讓我再次感受到，這個鍋裡真是少不了吸飽壽喜燒美味湯汁的車麩啊。

「我最近倒是愈來愈常買價格比較實惠的碎肉片。」

飛田和緒雖然意外展現主婦精打細算的一面，但拍照時用的仍是美味的壽喜燒用厚肉片。

金目鯛涮涮鍋

金目鯛一年四季都有，但最近價格變得好貴。想買一片來紅燒，卻是意想不到的價格，對喜歡金目鯛的人來說真是難過。

這麼「高貴」的金目鯛，這次要大量用來做涮涮鍋。這一道我之前也吃過，讓我體會到住在海邊享用這些美食有多幸福。

金目鯛去骨，片成3片，用魚骨、魚頭和昆布先取高湯。在高湯裡加點鹽、魚露調味後加熱。

魚肉斜切成稍厚的魚片。先將切好的蘿蔔絲加入湯裡煮熟，接著在煮沸的湯裡放進大量的大蔥薄片跟魚片燙一下。

「我覺得也可以依照個人喜好，加入鴨兒芹之類的綠色蔬菜。」

簡單品嘗新鮮金目鯛的美味，這是住在海邊才吃得到的鍋。連同湯盛上一碗享用，會覺得有日式湯品的味道。

蒸蔬菜

「把各種季節蔬菜從最不容易熟的先放進鍋子裡蒸。」

拍攝時正值夏天，卻蒸了好多種蔬菜。從上方依照順時針方向，依序是蓮藕、牛蒡、里芋、甘薯、鮮香菇，還有茄子。連蔬菜的配色都很賞心悅目。

通常蒸蔬菜會保留蔬菜的原味，即使不沾任何調味料也好吃，但飛田和緒準備了好幾種沾醬。鹽跟橄欖油、柚子胡椒，還有味噌拌蔥花，一共3種。聽說有時候她也會用大蒜醬油拌美乃滋。

「搭配喜歡的口味，吃起來會很棒。另外像甘薯這類，什麼都不沾，直接吃也很好吃。」

因為在沾醬上下工夫，似乎無論西式或中式都能搭配。簡單的調理，反而讓口味變得更多元，或許就是這個道理。

一掀開鍋蓋，就引來歡聲四起，土鍋真的很棒。

坂田阿希子

西式土鍋料理

坂田阿希子最擅長法國菜或異國料理等西式菜色。因此，這次也請她使用土鍋來做西菜。

文—高橋良枝
攝影—廣瀨貴子
翻譯—葉韋利

去年秋天在川越的「器物筆記」品嘗到坂田阿希子的土鍋料理。當時那道栗子里芋焗烤的前菜，讓我大受震撼。

一只大土鍋裡滿滿的焗烤，氣勢十足。而栗子跟里芋的組合也很新鮮有趣。

「份量很多，請大家盡情取用。」

話雖如此，但看起來很有飽足感，考量到接下來還有其他菜，心想著嘗一點點就好，結果實在太好吃，還是忍不住又添了點。有一對年輕男女甚至續加了兩次。

因此這次也請坂田阿希子一定要介紹這道焗烤。另外一道則是酸白菜鍋。這是中國東北地區的鄉土料理，在台北也有生意很好的酸白菜鍋餐廳。鍋子裡加入大量發酵變酸的白菜，真難忘那次十個人圍坐在鍋邊的夜晚有多開心。當時的情景也在日文版《日日》〈台灣特集〉中介紹過。

其實酸白菜鍋在日本也吃得到，我們跟坂田阿希子一行5個人，到某間中餐廳吃過。席間她說，「我試過用德式酸菜來做，也很好吃哦。」

我想起當時聽了這句話，大家異口同聲許願，「下次一定要請我們吃吃看！」於是這次也請她做了德式酸菜鍋。

坂田阿希子的個性很大方，經常大笑，胃口很好，酒量也不錯，非常豪爽。她做的料理也反映出她的性格，大器又豪邁。

「這些在料理教室裡用的土鍋，多半都是大尺寸。」

裡頭不知道為什麼還有把平底鍋。

「這是安藤（雅信）大師用陶土做的平底鍋。做牛排或是漢堡排時，煎好直接端上桌，很方便喔！」

原來如此，這只超越土鍋的既定印象，但的確使用陶土製作的獨特平底鍋，就請坂田阿希子用它來做燉煮漢堡排。

白色無蓋的摩登土鍋，是伊藤正子選品中大谷製陶所「純白器物」系列之一。使用上除了當鍋子之外，也可以直接當成容器。

看了坂田阿希子家的鍋子後，讓我很有感觸，即使都叫土鍋，範圍卻很廣泛呢。

從右上方以順時針方向依序為：刷毛目（譯註：用刷毛刷上白泥再上釉的陶器）大土鍋、鐵釉鍋、安藤大師製作的平底鍋、粉引（譯註：將乾燥成形的陶土，直接浸泡化粧土再塗上透明釉燒製，是日本古代的陶土技法）鍋，以及大谷製陶所的白鍋。

可以依照個人喜好調整辣度跟酸味，是熱鍋料理的優點。

酸菜白肉鍋

在大量雞骨高湯中，加入先用水泡發的香菇、乾干貝，以及蝦米，製作湯底。接著加入瓶裝德式酸菜（也可以用酸酸的醋漬白菜），煮沸之後再加入其他喜愛的食材，配著德式酸菜跟醬料一起吃。

當天的食材有豬五花肉、羊肉片、青江菜、萵苣、塔菜。還有豐富多樣的沾醬跟佐料。

沾醬的材料準備了芝麻醬、研磨芝麻、豆瓣醬、豆腐乳、烏醋、醬油、辣椒。佐料有香菜、蒜泥、薑泥、蔥花等，可依個人喜好自行添加。

「醬料基本上以芝麻醬為主，再加點醬油、豆腐乳、烏醋調味。其他醬料則視個人喜好，愛吃辣就自己加豆瓣醬或辣椒。記得多加點佐料。」

等到鍋子裡的湯底沸騰，就加入肉類跟蔬菜。另外在醬料裡加點湯，沾著肉片跟蔬菜吃。

等湯跟德式酸菜煮到沸騰後，就可以加入肉類跟蔬菜。

焗烤通心麵

「土鍋很大，我還擔心白醬不夠，大概做了8人份。」

坂田阿希子笑著說。看到一只大鍋裡滿滿的焗烤通心麵，頓時眾人歡呼。

在大量白醬裡使用的食材有通心麵、雞肉、白煮蛋跟蘑菇。洋蔥切薄片下鍋炒，再加入雞腿肉拌炒，接著加入切薄片的蘑菇。用鹽、胡椒調味後，淋入白酒用大火燉煮。

煮得較熟的白煮蛋，用叉子背搗碎。燙得稍硬的通心麵，跟其他食材一起放進白醬裡拌勻。

在土鍋內側抹上奶油，倒入加了食材的白醬。在上方撒上磨碎的葛瑞爾乳酪跟麵包粉，剝幾小塊奶油散放在表面，放進220℃的烤箱中，烤到表面出現感覺美味的金黃微焦。

燉煮漢堡排

漢堡排用的是牛絞肉、洋蔥、新鮮麵包粉，還有蛋、肉豆蔻粉及鹽、胡椒，充分攪拌後捏成漢堡排。在已加熱的土鍋裡將漢堡排煎到兩面上色，整鍋放進200℃的烤箱裡烤15分鐘。

醬汁以番茄汁為基底，加入水、番茄醬、伍斯特醬、牛肉高湯、白蘭地，混合後熬煮約10分鐘。當湯汁變得濃稠後，用鹽、胡椒調味，再加入奶油。

將鍋子從烤箱中取出，先撈掉多餘的油脂，然後淋上醬汁，撒點切碎的荷蘭芹就完成。土鍋的餘熱能夠加熱醬汁，直接端上桌。

另外還附上由水煮四季豆拌入洋蔥末與淋醬（芥末籽、紅酒醋、鹽、胡椒、砂糖、橄欖油）的沙拉。裹上濃稠醬汁的漢堡排，搭配清爽的四季豆沙拉，平底土鍋的可愛模樣，也為美味加分。

皇家庫司庫司

在加熱過的土鍋中倒入橄欖油，切細的蒜末跟薑末拌炒。爆香之後加入香料（小茴香粉、芫荽、紅椒粉、薑黃、紅椒、黑胡椒），繼續拌炒一下再加水。

加入洋蔥、鷹嘴豆（水煮），再加入紅蘿蔔燉煮約10分鐘。接著加入其他蔬菜（蕪菁、櫛瓜、南瓜、番茄），燉煮15到20分鐘。

庫司庫司用等量的水泡開，淋上熱水蓋上蓋子悶10分鐘，再淋上橄欖油拌勻。將撒了鹽、胡椒的羊排用橄欖油煎熟後取出。用同一只平底鍋將西班牙臘腸煎熟。

把庫司庫司裝到容器裡，淋上土鍋裡的湯，再加入羊排跟西班牙臘腸。最後依個人喜好加入香菜、哈里薩辣醬，吃起來更美味。

哈里薩辣醬的辣度跟香氣，更添異國風味。

久保百合子的雞肉丸子鍋

文—久保百合子
攝影—公文美和
翻譯—王筱玲

剛開始從事料理拍攝的工作就遇到的料理，每道都是我第一次接觸的美味，讓我像是剛出生的小鳥般雀躍，馬上就打聽食譜然後回家試著做。這個雞肉丸子鍋就是那時候學到的，直到現在都還有在做。後來我將料理研究家河村未知子的食譜，以及在「自傲的訂購商品」之類的拍攝時，第一次吃到的秋田米棒鍋兩者優點結合在一起。

材料是雞肉丸子、長蔥、牛蒡絲、韭菜，也可以加入芹菜或舞茸。雞肉丸子是用切碎的香菇與蔥，拌入蛋白和太白粉捏成。然後！只是混合了蛋黃與醬油、大量的鰹節而已，卻沒有什麼比這湯頭更好喝的了！到底為什麼呢？最後再準備椪醋和柚子胡椒即可。

土鍋是在伊賀的土樂窯買的。

高橋良枝的
鯖魚雪見鍋

天氣變冷的時候，餐桌上常出現的就是鍋料理。儘管現在只有我和女兒一起生活，我們還是常讓鍋料理登場。

其中我特別喜歡沸水裡加入大量的日本酒，然後涮菠菜和豬肉片來吃的常夜鍋，以及這裡要介紹的鯖魚雪見鍋。

鯖魚一整年都吃得到，但還是天氣變嚴寒時的油脂最肥美好吃了。將去骨片好的鯖魚切斜片，浸泡在酒和醬油裡，然後沾太白粉下油鍋炸。雖然是鯖魚的炸魚片，但是把它放入加了大量蘿蔔泥的鍋裡一起煮。

湯頭是用鰹節取出的高湯，加上酒、味醂、醬油，將濃淡調整成比湯稍微濃一點的口味。

為了凸顯鯖魚炸魚片，配料只要放簡單的豆腐和芹菜。芹菜在要吃之前再下鍋。因為這個鍋的靈魂是蘿蔔泥，必須準備好大量的蘿蔔泥。

彷彿下著霙（帶雨的雪花）的寒冷夜晚最適合吃雪見鍋了。

明峯牧夫
的四季土鍋飯

從《日日》創刊以來就經常光顧位於西荻窪的「吃飯屋 野良坊」。至今已經九年了，明峯牧夫不但結了婚，還成了一個小孩的爸爸。

文—高橋良枝
攝影—廣瀨貴子
翻譯—王筱玲

明峯牧夫正在盛著剛煮好的飯。

早春到處都看得到的野良坊菜（譯注：西洋油菜的一種）的料理，是「吃飯屋野良坊」的招牌菜。季節將近時，朋友之間就會互相問「你吃了野良坊菜了嗎？」如果是聽到吃過了，就會很羨慕的說「好好喔！」帶我們去野良坊菜菜園的就是明峯牧夫。

明峯牧夫的拿手料理就是用季節蔬菜做出對身心都很好的料理。然後，另一個讓人很期待的是隨著季節變換的「炊飯」。不管肚子再怎麼飽，最後的收尾如果沒吃到用土鍋炊煮出來的飯，在「野良坊」的夜晚就沒辦法結束。

「平常會準備3～4種種類，我想一年大概要做30種吧。」

其中最受歡迎的是秋天的秋刀魚炊飯、冬天的牡蠣飯、夏天的薑飯，還有培根酪梨飯。夏天的飯是非常花工夫，讓人可以像在吃沙拉似的。

會想要推出用土鍋炊的飯，是因為姊姊做的飯很受好評，加上根據不同的配料，可以享受做出各種味道變化的樂趣，也可以感受到料理之深奧的魅力。

關於炊飯用的土鍋，

「我用過各種的土鍋，現在用的萬古燒的這個壺形鍋讓我覺得最順手。這個土鍋的優點是不用注意火的調整也沒關係。」

他似乎會看情況使用2人用、3～4人用、4～5人用的大中小3種尺寸。讓人聯想到文福茶釜的圓滾滾形狀，實在很可愛。萬古燒是三重縣四日市的陶器，那裡的土鍋和急須（茶壺）都很有名。

「炊飯要在鰹魚高湯李加入料理酒、薄口醬油調整鹹淡，然後加入當季的配料一起炊煮。」

接下來就介紹明峯牧夫在四季的代表性炊飯。

蒸東西的時候，用筷子把鍋蓋上的洞插住。

大中小的鍋子堆疊起來後，好像變成了土鍋家族似的。右邊的是爸爸嗎？

春

花鯛與蠶豆

花鯛是春天到初夏的季節迎來的美麗的魚。一尾花鯛就這樣直接鹽烤，然後擺在炊飯上，成了一道豪爽的炊飯。

花鯛的櫻花色非常醒目，但是更漂亮的是淡綠色的蠶豆與新海帶芽。蠶豆用鹽水煮過，把皮也剝掉之後，和海帶芽一起炊煮。

花鯛去骨之後，魚肉拌進飯裡再盛裝。

鯛魚飯在過去是非常奢侈的拌飯，而蠶豆與海帶芽的做法則是明峯牧夫的獨創工夫。可以從這道炊飯中感受到豐富的營養與色彩，吃到最後再來一碗飯的奢侈，讓滿足感倍增。

在土鍋裡，花鯛的眼睛好像在訴說著鍋子很擠的姿態，顯得很可愛。打開蓋子後，好像能聽到饕客們看到時的歡聲雷動。這是在春天的傍晚，想要稍微奢侈一下的日子裡，想吃的一道飯。

夏

夏野菜

群樹濃綠的葉子閃閃發亮，太陽直射在美人蕉上的夏日午後。在土鍋裡，散發出這樣的印象。

這是加了滿滿櫛瓜、紅椒、玉米和毛豆、豌豆莢、玉米筍、滿願寺的辣椒、蘆筍、新洋蔥等夏季蔬菜的炊飯。

將蔬菜的味道引出來、然後融合在一起的是培根。

「剛開始是把培根與新洋蔥、白米一起炊煮，然後重點在於悶飯的不同階段逐一加進其他的蔬菜。」

毛豆要先用水煮過，把豆仁取出。其他的蔬菜切好之後直接放進去。熄火後才放入鍋裡。再悶15分鐘，要留下一點爽脆的口感。

簡直像沙拉一樣的飯。可以把這麼多種的蔬菜當飯吃，實在是太奢侈啦！

秋

秋刀魚與薑

秋刀魚是代表日本秋天的魚，但是聽說秋刀魚收穫量年年減少。不過在「野良坊」，秋刀魚飯是秋天不可或缺的人氣菜單。

把秋刀魚片成3片，然後切成2～3塊之後，撒鹽烤過。薑切碎和米一起煮，煮好一後再把烤好的秋刀魚擺上去。

把秋刀魚拌入飯裡之後再盛裝，然後上面撒上海苔。烤過的秋刀魚香味與薑末微微的辣，完美搭配出這道秋天的炊飯。

與蘿蔔泥一起吃的鹽烤秋刀魚雖然是品嘗秋之味少不了的一道，但是這秋刀魚炊飯更是秋天的一道佳餚。

「七月後半左右才會登場。」

因為要想吃秋刀魚飯，在採訪那天，4個工作人員當場就預約了「野良坊」的吃飯會。

冬

根菜

加了牛蒡絲、蓮藕、羊栖菜、碎雞肉的是冬天的炊飯。

將雞絞肉與羊栖菜、牛蒡放入高湯裡加酒、醬油熬煮過。蓮藕切成1公釐的薄片，過醋水去掉雜質。

所有的材料和米一起炊煮，炊好之後，拌上青蔥的蔥花。

牛蒡的香氣與口感，還有碎雞肉的濃郁，渾然融為一體，是一道可以享受到純然冬日濃厚口感的炊飯。

明峯牧夫的炊飯可以品嘗到各種配料加在一起所形成的和諧感。一方面確實表現出季節感，另一方面也為吃的人帶來滿足感。

我想這一定是反映了明峯牧夫想要帶給吃的人喜悅與滿足的服務精神吧！

桃居・廣瀨一郎 此刻的關注㉘

探訪 高田竹彌的工作室

高田竹彌為了吸取深山裡沉穩的空氣，將工作室設在伊賀丸柱，日日生活之中的所感所覺都在他創作的繪畫、立體作品的根基之下靜靜地流淌著。

文—廣瀨一郎　攝影—日置武晴　翻譯—王淑儀

上　庭院裡有張他自己打造的長凳。
右　將過去曾是農會辦公室的建築物改裝成工作室兼住家。

不論是每日餐桌上裝點的食器還是活躍於日常中的生活道具，至今我們已有了非常豐富的選擇。曾有段時間因工業製造、大量生產而被人們封印、遺忘的掃把、水壺，甚至是鞋子、皮包，最近已有越來越多的年輕人投入，以雙手代替機器來製作，甚至有人連抹布、鬃刷都是手工製。

越來越多人想要好好過生活。我想會自然而然地進駐到腳踏實地、用心享受生活的空間中的，就是「自然產生的藝術」。

說到藝術，常讓人聯想到的是遠離日常的另外一個世界，但我卻覺得在素白的牆壁一角，或是書櫃的上方，只要放上一幅自己喜愛的平面或是立體作品，我們的生活就會產生微妙的變化。

我將高田的版畫掛在客廳的牆上感受一下，發現僅是一張尺寸不大的畫，整個房子裡的空氣都變得不太一樣了，似乎連外頭灑進來的日光都聞得到味道。高田的繪畫並非高調地強調要將人帶去什麼樣的境界，因為是抽象畫，本來就沒有具體地要傳達出什麼訊息。若要勉強形容，就是高田的畫靜靜地奏著他心中的旋律，只是那旋律之中有著被某種安定之感所深深包覆的歡愉以及優雅的時間淌流著。那大概就跟在餐桌上多加了一個自己喜歡的食器，

微風徐徐吹來的客廳裡，高田與廣瀨談笑著。高田的家中，常有許多仰慕他們夫妻的朋友聚集在此。

盛裝著美味的料理時，所得到的滿足是同樣的感受。

高田一直一來都創作著高純度的抽象作品，乍看之下是很適合掛在美術館壁面或是藝廊展覽空間裡，實際上卻是在日常之中見到一點也不會感到突兀。

相反地，正因為是可以感受到人的體溫的地方，才能感受到這些平面、立體的作品正在呼吸著。這次我們參觀高田的工作

高田的妻子順子為我們準備的午餐。飯糰的飯是用土鍋炊煮的。

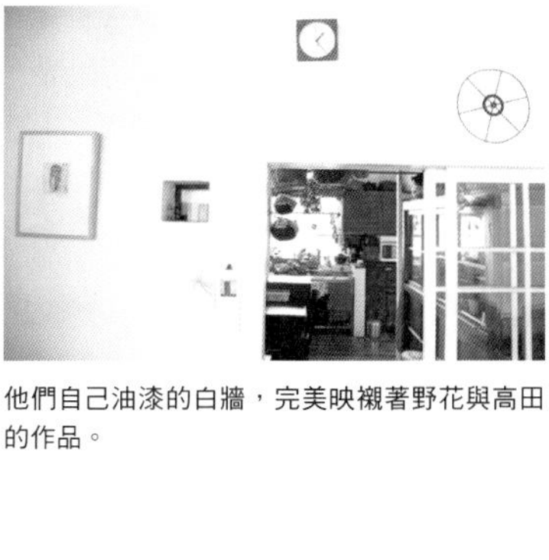

他們自己油漆的白牆，完美映襯著野花與高田的作品。

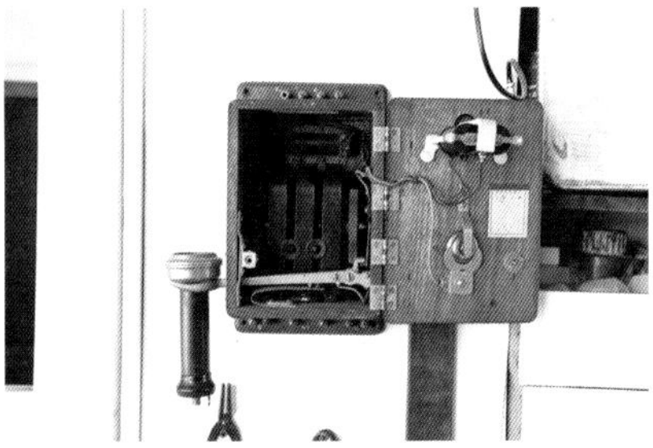

工作室裡的老式電話。被它的造形所吸引而拿來裝飾於此。

一進入玄關左手邊的展示空間，再往裡面走則是工作室。

工作室的桌子上方放有許多立體作品。在一種以稱為「forest board」的天然防火材做成的立體柱上，重複塗上壓克力顏料及蜜蠟。

立原道造的詩集。受到影響的高田好像也變得在描繪詩的世界一般。

室也理解了他的生活模式，感覺揭開了那些隱含在作品中的祕密。

高田自金澤美術工藝大學油繪科畢業之後，因緣際會下搬到伊賀的丸柱，獨力將當時跟廢墟沒兩樣，過去曾是鎮上行政機關所在的建築物重新改建。那時他是名美術老師，利用上班之外的零星時間持續來這個地方做工，花了快五年的時間才完成，之後也是靠著他們自己的力量去增設一些生活所必要的設備，當然，是與妻子順子兩人胼手胝足一同完成的。他們一起修了烤麵包用的石窯、燒柴的暖爐，一起下田種菜，自製果醬，晒柿子乾，採魚腥草、杉菜做青草茶，倉庫的屋頂壞了，就自己修，拿不要的木材做花圃。

伊賀自古以來便是美麗山群環繞下的陶瓷器產地，他們與一些創作的朋友交往而創辦小市集，向附近農家老婆婆學種菜的方法。每天有各式各樣的事情要做，但在做這些事情的同時，時光緩緩地流過，隨著季節變化的光線與風向都印記在高田的眼瞳，牢牢地記憶著。於是我們明白了，在充滿恩惠的大自然中用心而簡樸的生活，成了高田作品之間共通的基調。

選購器皿時，我們會想起每天餐桌上的情景，想像用這位作家的那個盤子盛裝料

高田竹彌

Takeya Takata

1969年生於兵庫縣，畢業自金澤美術工藝大學美術學部，專攻油畫。曾當過美術老師，2003年於三重縣伊賀丸柱的深山裡建造工作室。使用木材或廢木材作畫或是立體作品。將日日生活中所感受到的，不拘泥形式自由地表現著。主要在東京、大阪、神戶等各地藝廊發表個展。

上　畫布前的高田。下筆毫不遲疑，自由地表現著腦中描繪的意象。

右　有隻貓咪每當高田來到工作室時都會跟著進來，但從不會打擾他的創作。

理時會有的樣子，為何在繪畫或立體作品前卻完全僵住了呢？確實藝術作品的世界十分廣大，與我們的喜好不相符的必不少，然而我也認為並不是所有被放在美術館中的作品才能被稱作為藝術品。

早晨，在窗邊灑落的光線會隨著時間推移而改變亮度；緩緩降在遠處海上的夕陽使得一整片天空的大氣與色彩有了戲劇性的變化。收集這些日常之中不經意瞥見的一瞬間，化為自身的美感經驗，是任誰都可以做得到的事。我想，高田的繪畫作品最深之處所蘊含的，便是與這些讓我們的眼睛感到歡愉的同質之物。

高田竹彌喜歡早晨時的工作室。他會在那時帶有些許緊張感的空氣之中，一邊感受當天的光線，一邊作畫，將生活中所感受到的心緒波動於每次畫筆接觸畫布之時一筆一筆地，以令人愉快的韻律刷上去。

充分享受陽光洗禮的紅蘿蔔花很美，但接受雨水沖洗的廢棄馬口鐵雨槽也寄宿著令人難忘的未盡之夢想。這些記憶全都化成了今天早上所繪的畫面。我們站在作品前方，尋思著作者究竟想表達何意之前，不如就直接先浸淫在視覺的歡愉裡，相信這樣即可靜靜地進入高田繪畫裡所含帶的美麗記憶之中。

隨著使用者
而變換印象或用途的作品
踏出新的一步

這作品給人一種像是看到已開始傾毀、已有些年代的土牆或是古歐洲的石板才會有的那種令人不可思議的安穩氣質；或者，明明畫的不是人、動物或植物，卻無來由地讓人感受到生命之哀。欣賞這件作品的方法，應該是自由地去觀看、去感受吧，如此一來便能看到彷彿在動的線條、淡淡地暈開的色澤在眼前展開。

「心心相連」
■46×26cm

有著不同顏色與質地的木塊正靜靜地向我們招手。就像是器皿與料理搭配組合帶來的愉悅感受相似，思考這些方塊要如何搭配、怎麼擺放、置於何處，也為生活帶來樂趣。這些方塊離開了高田的身邊來到使用者的手中，便各自踏出屬於自己的新一步。

「objects」
從上開始
■ 7×8.5×4.5cm
■ 7×7×4.5cm
■ 7×8×4cm

桃居
東京都港區西麻布2-25-13
☎+81-3-3797-4494
週日、週一、例假日公休
http://www.toukyo.com/
廣瀨一郎以個人審美觀選出當代創作者的作品，寬敞的店內空間讓展示品更顯出眾。

料理家細川亞衣的私房食譜㉓

熊本的日日料理

熊本生產著各式各樣的柑橘類，
晚白柚即是其中一種，
清新的香氣與淡淡的顏色
是它最大的魅力所在，
我拿來跟海鮮中的牡蠣搭配，
做成一道有山珍有海味的料理。

料理．擺盤—細川亞衣
攝影—日置武晴　翻譯—王淑儀

在我們家過年時一定會擺出晚白柚，在它上面放上一顆連葉的小蜜柑，看上去就像是有著鮮活暖色調的鏡餅，實在引人發笑。視覺享受之後，以刀子在柚皮上劃幾刀，再毫不客氣地用大姆指插進皮中，將皮連著厚實到有種奇妙感的果皮一塊剝下，露出來的果實部分，每一瓣幾乎等於一顆果實般存在感十足，裡面包覆的一粒粒汁囊彷彿是閃耀光芒的鑛物集合體，搭配口感富有彈性與香氣濃厚又煎得酥脆的牡蠣，再次慶賀冬天的到來。

■材料（4人份）

牡蠣	20顆
麵粉	適量
晚白柚	1/2顆
西洋芹	1/2根
洋蔥	1/4小顆
初榨橄欖油	適量
粗鹽、黑胡椒	各少許

■作法

如果使用的是熟食用的牡蠣，先放進調理盆內，加進大量的鹽，輕輕搖動，待盆中出現污濁的泡泡之後，在流動的水龍頭之下，以清水輕輕地沖洗，直至黑色的泥沙變少到沒有為止。洗好放在竹簍上濾掉多餘的水。若使用生食等級的牡蠣，則快速清洗過即可。

在調理盤上架上網子，鋪上廚房紙巾，將牡蠣擺上去，上頭再蓋上一層廚房紙巾後進冰箱，確實地將水氣吸乾。

晚白柚去掉外皮，西洋芹切薄片（葉子切碎），洋蔥切薄片，將它們混合之後進冰箱冰鎮待用。

調理盆內放麵粉，將牡蠣放進去，均勻地裹上麵粉。

起一熱鍋，倒進初榨橄欖油，以中火將牡蠣兩面煎得焦香金黃。

在晚白柚沙拉裡淋上初榨橄欖油，撒上粗鹽，與牡蠣一同盛盤，最後再撒上粗鹽及現磨的黑胡椒即完成。

煎牡蠣佐晚白柚沙拉

Farm Vegeco 送來的

Battersea park

公文美和的攝影日記㉒

美味日日

初夏的拍攝點心

讓人開心的禮物

不愧是京都

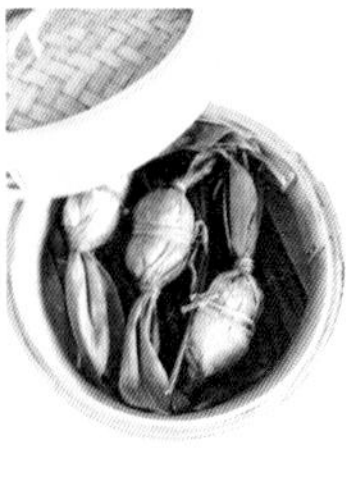
粽子最棒

可愛的展示

金條般的蜂蜜蛋糕

太可愛而捨不得動手

tom's kitchen

墨水的內袋

天還很亮

牛排三明治

我們又來了

喝茶時間

哪天也想來做做看

印度的啤酒

好大盤的庫斯庫斯

水果醬汁與牛奶

美麗的壁紙

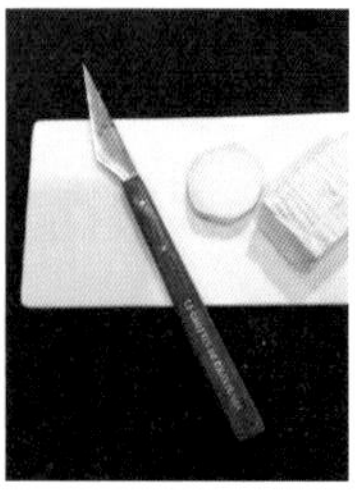
太酷了

不管何時都想吃

份量大又厚的鬆餅

西班牙的蔥祭

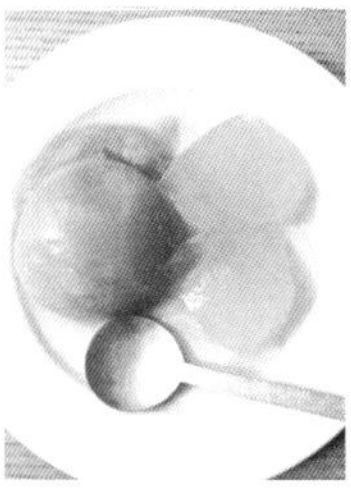
糖煮桃子與
夏季蜜柑果凍

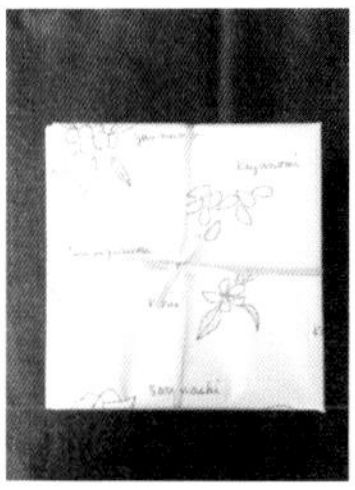
漂亮的包裝

可愛的義大利料理店

清涼的慰勞品

白酒

吃蟹膏有技巧

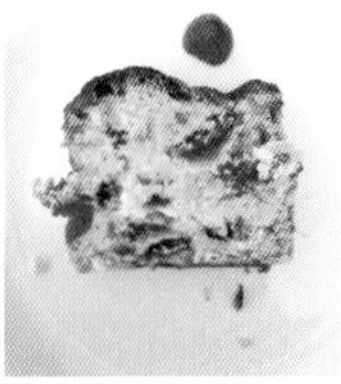
滿滿的水果乾

花椰菜

看起來好好吃的肉

幸福的午餐

最棒的蔥拉麵

受歡迎的餐廳

漂亮的店內

當地啤酒

季節的花

皇居的綠意

有稜有角的布丁

堅果搭配得恰到好處

步步路
（中華料理餐廳）

單手沒辦法拿的壺

拍攝後得到的

甜點新聞

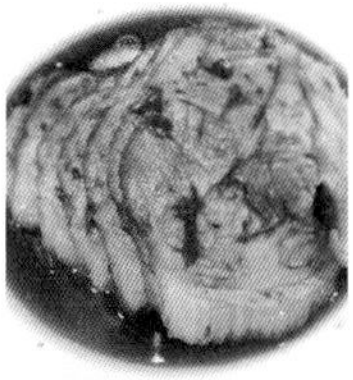
出菜了

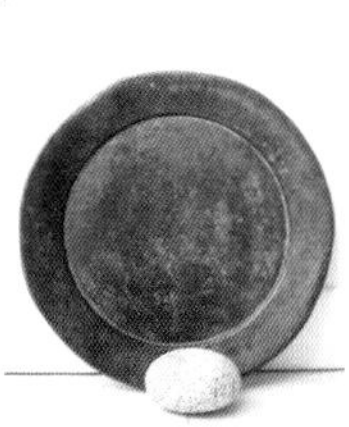
漂亮的服裝店

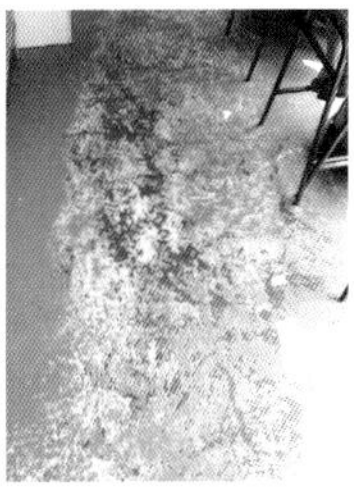
自然的加工法

蔬菜與水果的顏色

赤垣屋

時髦的披薩店

看到的時候很嚮往

大人的禮物

都是蔬菜

幸運的飛機餐

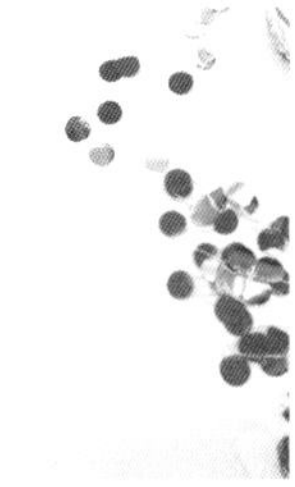
造型師的物品

用台灣食材做美味料理❻

小野竜哉的
和風蕈菇鍋巴、關東煮

因為喜歡台灣而在台灣開日本料理餐廳
「赤綠」的料理人小野竜哉，
也是小器料理教室裡相當受歡迎的日本料理課老師，
因此這次我們請他教台灣人很喜歡的兩種土鍋料理，
其中關東煮的丸子類也可以自己做，
既美味又健康。

■材料（2人份）

柴魚高湯（昆布、柴魚口味）——360毫升
薄口醬油——20毫升
味醂——15毫升
太白粉水——少許
菇類（3種）——各60克
乾燥鍋巴片——6片
油——500毫升

■做法

① 先製作柴魚昆布高湯。昆布冷水下鍋煮沸。滾沸前取出昆布，加入柴魚片，撈取浮沫。中火煮1分鐘，濾掉柴魚片後即完成柴魚高湯。
② 倒入食譜份量的柴魚高湯、薄口醬油、味醂一起煮到滾沸後，放入菇類。
③ 菇類煮熟後加入太白粉水勾芡。
④ 油加熱到攝氏180度後，放入鍋巴油炸。
⑤ 燒熱的土鍋中放入鍋巴，淋上蕈菇芡汁。

關東煮

■材料（2人份）

高湯
柴魚昆布高湯——720毫升
薄口醬油——40毫升
味醂——20毫升

日式豆腐丸
木棉豆腐——$\frac{1}{3}$塊
黑木耳——1片
紅蘿蔔——少許
山藥泥——少許
鹽、薄口醬油——少許

魚丸
魚漿——60克
四季豆——1根
胡蘿蔔——少許
山藥泥——少許
鹽、味醂、薄口醬油——少許

年糕福袋
炸豆皮——1片
日本年糕——2片（10元硬幣大小）
乾燥干瓢——2根

白蘿蔔——$\frac{2}{5}$根
白米——少許
雞蛋——2個
醋——少許
鱈魚豆腐——1片
竹輪——1根
蒟蒻球或打結蒟蒻絲——4個
早煮昆布——1片

■做法

①將豆腐和調味料放入研缽中攪拌，加入切碎的蔬菜混合後以攝氏180度油溫油炸，製成日式豆腐丸。

②魚丸做法和①一樣，將魚漿和調味料放入研缽中攪拌，加入切碎的蔬菜混合後以攝氏180度油溫油炸。

③年糕包進炸豆皮中，再用泡過水的干瓢收口打結，即完成年糕福袋。

④在沸水中放入白蘿蔔和米一起煮，米可以去掉白蘿蔔的苦味，增加鮮甜。

⑤水、醋放入鍋中加熱至沸騰後放入雞蛋，開始的1分鐘持續畫圓攪拌，持續煮10分鐘左右，撈起沖冷水剝掉蛋殼。

⑥所有的材料準備完成後，放入高湯中一起燉煮。

34號的生活隨筆⑳

在自己住的城市裡小旅行

圖・文—34號

從來沒想過會在自己住了一輩子的城市裡參加導覽旅行，又不是出國？又不是陌生的城市？是自出生就居住至今理論上應當非常熟悉的城市，但其實不然啊！看到網頁旁的廣告好奇點進去發現的「台北城市散步」導覽行程，看著描述，熟悉的城市裡原來有許多我陌生的角落。於是報名了「清晨，批發市場的叫賣聲」，愛逛市場的我對台北的農產、魚產批發市場有著很大的好奇和興趣，東京的築地市場都去了好幾次，可是很慚愧的就算知道自己居住城市魚貨批發市場的存在，但是確切地點在哪裡卻不知道？更別說去過了。

凌晨三點半到達集合地點，從來沒有在這個時間出沒在台北市，對於不熟悉的地點以及黑暗有些恐懼，更沒想到25人為上限的導覽團，真的來了25人，擔心只有小貓幾隻的我突然有些安心。點過名、戴上導覽耳機，隨著專業導覽員往台北市最大豆芽產地出發，原來只是一條臨著新店溪河堤不遠的小巷子，黑夜巷中幾戶人家亮著燈，大水槽裡洗著如山高的豆芽，台北地區80％的豆芽產於此，因為此地的地下水質良好，而歷史可回溯至1920年代，當時此地舊名為「加蚋仔」即平埔族語「沼澤」的意思。

除豆芽外，加蚋仔這裡還曾為了配合艋舺、大稻埕的茶葉出口貿易，大量種植茉莉花；東園街、西園路、雙園街的「園」，指的就是茉莉花園！好難想像，現在感覺是台北市的邊緣角落曾經種滿香花。經過農業轉型，茉莉花園不再，改種以「加蚋竹筍」聞名全台灣的麻竹筍，萬華地區幾個里名有「德」的里，就是取「竹」的台語發音諧音為「德」。導覽至此，還未進到魚貨批發市場，我已感到驚喜連連，這些與我們飲食、城市與文化息息相關的有趣典故、歷史和演進，課本沒有教、我也未曾有機會從其他書裡讀得，在這6月某個悶熱的夏夜裡，黑暗中自導覽耳機傳來的每一字就像打開了一扇窗。

穿過據說是台北市總舖師密度最高的巷道，我們停在冒著蒸氣忙碌的豆腐店前，一板板堆得老高的豆腐等天亮就要運到台北各地成為你我今日的飲食，導覽員為我們大家斟上香濃的豆漿，喝完豆漿就要進入今日主戰場：台北魚貨批發市場，而我心裡已經決定，這樣的導覽行程還要繼續參加。

日々・日文版 no.31

編輯・發行人——高橋良枝
設計——渡部浩美
發行所——株式會社Atelier Vie
http：//www.iihibi.com/
E-mail：info@iihibi.com
發行日——no.31：2013年10月1日
插畫——田所真理子

日文版後記

在京都車站租了車，馬上就前往伊賀。經過新名神道路，從甲南交流道下去後，連續一片都是濃綠清新的里山、田地與雜木林的景色。高大的樹木攀著野藤的淡紫色花穗。行駛在這樣的風景裡，終於到達了伊賀丸柱。在悠然平靜的山野，住著山本忠正一家。

「藝廊yamahon」也在同一塊地上，我還記得之前來拜訪的時候，是從名古屋換了兩趟車，從伊賀的車站開始越過山頭才到達。在那之後過了數年，看起來好像什麼都沒變。那天是當天來回，今天也是。緊張地結束採訪後，回到京都。

在京都拍了松永智美的「佛跳牆」，之後去拜訪了很懷念的「La Voiture」。麻耶已經成了老闆，店裡的氣氛似乎也變得年輕多了。

雖然是一趟慌慌張張又想做很多事的旅行，但對晚餐是絕對不妥協的，這是愛吃三人組的真面目。這次為了想吃竹筍而去一家小料理店，然後又在居酒屋續攤了。　（高橋）

日日・中文版 no.25

主編——王筱玲
大藝出版主編——賴譽夫
設計・排版——黃淑華
發行人——江明玉
發行所——大鴻藝術股份有限公司｜大藝出版事業部
台北市103大同區鄭州路87號11樓之2
電話：（02）2559-0510　傳真：（02）2559-0508
E-mail：service@abigart.com
總經銷：高寶書版集團
台北市114內湖區洲子街88號3F
電話：（02）2799-2788　傳真：（02）2799-0909
印刷：韋懋實業有限公司

發行日——2016年8月初版一刷
ISBN 978-986-92325-7-9

日日 / 日日編輯部編著. -- 初版. -- 臺北市：
大鴻藝術, 2016.8　52面；19×26公分
ISBN 978-986-92325-7-9（第25冊：平裝）
1.商品 2.臺灣 3.日本
496.1　　105001149

中文版後記

繼上一期做「籃子特集」時，滿腦子想要買籃子；這一期的「土鍋特集」更是讓人苦惱。雖然台灣還在七、八月的酷暑當中，但是台灣人吃鍋可不分季節的啊！每一次校稿時，都在想明天要去市場買什麼用土鍋做來吃，買了魚片學著做了雪見鍋，還在想吃咖哩的癮頭上，用土鍋做了咖哩！雖然會被覺得腦波很弱，但是我想這就是《日日》的精神吧！因為活著每天就是生活，透過《日日》而有了一些生活上的變化，為平淡的每一天帶來一點樂趣。因為這些小改變與小嘗試，心裡真的會不自覺湧現幸福感啊！

就像專欄作者34號，透過專業的城市散步導覽，重新去發現自己不曾注意到的生活周遭，原來是那麼有趣！有時候生活的壓力與辛苦，其實會在這些小小的作為裡，得到一些鼓勵與安慰，大家不妨也試試。　（王筱玲）

大藝出版Facebook粉絲頁http：//www.facebook.com/abigartpress
日日Facebook粉絲頁 https：//www.facebook.com/hibi2012